Magnetische Korrelation

Modulation Existenziell

Marcos Cervantes Janssen

Erstausgabe: 7. September 2023

Urheberrechte ©© *2023 Marcos Cervantes Janssen*

Herausgegeben von Editorial letr@rot

https://www.youtube.com/channel/UCQ12Xlt8oQOaWAhAiboXPUA

https://www.instagram.com/newtekjanssen/

https://www.facebook.com/LETRA3ROJA

https://www.newtek.janssen@gmail.com

https://twitter.com/Letra3Roja

https://newtekjanssen.es.tl/

letra3roja@gmail.com

Magnetische Korrelation

Modulation Existenziell

Von: Marcos Cervantes Janssen.

INDEX:

LETR ROJA

VORWORT:

Die existentielle Raum-Energie-Beziehung hat nur aufgrund der magnetischen Kraft, die sie in Beziehung setzt, Form und Umstände; Darauf konzentriert sich dieser Artikel, und die Begleitbeiträge werden für das vollständige Studium des Themas von großem Interesse sein.

Deshalb existiere ich zunächst, und aus diesem Grund bin ich beim Denken bewusst.

Existenz ist das, was relative Individualität in absoluter Ewigkeit einschließt, eine Absurdität für die Zeitlichkeit, eher eine Realität als eine theologische für die Ewigkeit. Die Polarisation im Magnetismus erweckt den Ausdruck „magnetische Modulation" zum Leben. Dies ist die Form, die die darin enthaltene Energie definiert; Nehmen wir an, der Geist einer physischen Struktur wird magnetische

Modulation genannt. Die magnetische Korrelation von allem, was diese Existenz bewohnt, wird in der konstanten Kinetik der Bewegung sichtbar, und diese Modulation wird Evolution genannt, wenn ihre Systeme durch existenzielle Chronologie effizientere Formen annehmen. Das Befolgen einer fortschreitenden Entwicklung bestimmt, dass die magnetische Korrelation in allem, was sich manifestiert, expansiv und umfassend ist. In diesem Artikel werden wir die magnetische Natur der Existenz und ihre Modulation als dynamisches evolutionäres Bewusstsein diskutieren, daher lade ich Sie ein, auf die abstrakte Botschaft zu achten underkennen mit völliger Freiheit. Wir werden nach der magnetischen Korrelation suchen, die vorhanden ist, um unsere Existenz im Rahmen der kreativen Intuition auf erforschbaren und gleichzeitig nicht erforschbaren Ebenen zu modulieren.

1 – DER ZUSAMMENHANG:

Korrelation ist ein statistisches Maß, das die Beziehung zwischen zwei Variablen angibt. Es wird verwendet, um zu bestimmen, ob eine Beziehung zwischen zwei Datensätzen besteht und wenn ja, um welche Art von Beziehung es sich handelt (positiv, negativ oder null).

Die Korrelation kann mit verschiedenen Methoden berechnet werden, beispielsweise mit dem Korrelationskoeffizienten nach Pearson oder dem Korrelationskoeffizienten nach Spearman.

Im Allgemeinen gilt: Je näher der Korrelationswert bei 1 oder -1 liegt, desto größer ist die Beziehung zwischen den Variablen, während ein Wert nahe 0 anzeigt, dass zwischen ihnen keine Beziehung besteht.

Unter magnetischer Korrelation versteht man die Beziehung zwischen dem auf einem Magnetresonanzbild (MRT) gemessenen magnetischen Signal und der anatomischen Struktur des Gewebes. Das magnetische Signal entsteht durch die Wechselwirkung zwischen Magnetfeldern und Protonen im Gewebe. Die magnetische Korrelation wird bei der Interpretation von MRT-Bildern verwendet, um verschiedene Gewebetypen und anatomische Strukturen zu identifizieren. Mithilfe der magnetischen Korrelation können beispielsweise Tumore oder Läsionen im Gehirn oder anderen Organen identifiziert werden. Der Zusammenhang **neutral** Es bezieht sich auf das Fehlen einer Beziehung zwischen zwei Variablen. Mit anderen Worten: Wenn die Korrelation zwischen zwei Datensätzen nahe Null liegt, kann man sagen, dass zwischen ihnen keine signifikante Beziehung besteht.

Dies kann in manchen Fällen nützlich sein, da es darauf hindeutet, dass bestimmte Variablen keinen Zusammenhang haben und daher in einer Analyse oder einem Modell nicht zusammen berücksichtigt werden müssen. Der Zusammenhang**Negativ** bezieht sich auf eine umgekehrte Beziehung zwischen zwei Variablen, was bedeutet, dass, wenn eine Variable zunimmt, die andere Variable tendenziell abnimmt. Ein Beispiel für eine negative Korrelation könnte der Zusammenhang zwischen Schlafzeit und Stresslevel sein.

Wenn zwischen diesen beiden Variablen eine starke negative Korrelation besteht, ist es wahrscheinlich, dass Menschen weniger Stunden schlafenExperimente höheres Stressniveau. Der Zusammenhang Positiv bezieht sich auf eine direkte Beziehung zwischen zwei Variablen.

Das heißt, wenn eine Variable zunimmt, nimmt auch die andere tendenziell zu, und wenn eine Variable abnimmt, nimmt auch die andere tendenziell ab. Mit anderen Worten: Beide Variablen bewegen sich in die gleiche Richtung.

Ein Beispiel für einen positiven Zusammenhang könnte der Zusammenhang zwischen der Anzahl der Lernstunden und den in einer Prüfung erzielten Noten sein: Mit zunehmender Anzahl der Lernstunden steigen auch die erzielten Noten.

Auf diese Weise verstehen wir, wenn wir wissen, was Korrelation bedeutet, wie wichtig es ist, mit denen in Beziehung zu treten, die scheinbar völlig im Gegensatz zu uns stehen. Es ist interessant, wie uns die Mathematik in unserer gesamten Realität hilft, nicht nur die materielle Welt, sondern auch die emotionale und mentale Welt, in der wir leben, zu verstehen.

2 - MAGNETISMUS:

Magnetismus ist eine grundlegende Kraft im gesamten Universum und für das Verständnis vieler kosmischer Phänomene von wesentlicher Bedeutung. Magnetismus ist in Sternen, Planeten, Galaxien und anderen Himmelsobjekten vorhanden. Beispielsweise schützt uns das Erdmagnetfeld vor Sonnen- und kosmischer Strahlung, während in Sternen der Magnetismus Sonneneruptionen und andere heftige Ereignisse erzeugen kann. Darüber hinaus können Magnetfelder auch die Entstehung und Entwicklung kosmischer Strukturen wie Galaxien und Galaxienhaufen beeinflussen. Zusammenfassend lässt sich sagen, dass Magnetismus eine grundlegende Kraft ist, die eine wichtige Rolle im Universum spielt und deren Untersuchung für das Verständnis vieler kosmischer Phänomene sowie des Lebens selbst auf diesem wunderschönen Planeten unerlässlich ist. In einem denkenden und intelligenten Universum hat die Schwerkraft nun auch ein persönliches Verhalten, sodass wir durch die Psychologie unsere Existenz auf umfassende Weise verstehen und mit der Existenz, in der wir leben, in einem unendlichen Umfang persönlich vertraut werden können.

Der Begriff „psychologischer Magnetismus" bezieht sich auf die Fähigkeit einer Person, die Emotionen, Gedanken und Verhaltensweisen anderer durch ihre Präsenz, Körpersprache, Kommunikationsfähigkeiten und andere psychologische Techniken zu beeinflussen.

Psychologische Anziehungskraft kann genutzt werden, um gesunde und effektive zwischenmenschliche Beziehungen aufzubauen und andere davon zu überzeugen, eine bestimmte Meinung oder ein bestimmtes Verhalten anzunehmen.

Allerdings kann sie auch auf manipulative oder missbräuchliche Weise eingesetzt werden, daher ist es wichtig, diese Fähigkeit verantwortungsvoll und ethisch zu nutzen. Somit ist Magnetismus ein Phänomen, das nicht nur räumlich oder physisch, sondern auch psychologisch und emotional ist und in allen Forschungsbereichen, ob wissenschaftlich oder sogar esoterisch, verwaltet wird.

Die Quantenphysik zeigt einen starken Zusammenhang zwischen wissenschaftlichem Magnetismus und der elektroräumlichen Schwingung unserer Neuronen. Wenn man bedenkt, ist diese Studie aufregend und kraftvoll.

3 – NEURAL- UND RAUMGEWEBE:

Unsere Neuronen sind als stark kommuniziertes Gewebe angeordnet, das heißt mit direkter Korrelation, konstanter und flexibler Natur. Ein starker Energiefluss sammelt sich durch Kräfte, die heute endlich bekannt sind, als elektromagnetisches Geistesfeld.

Dieses strukturelle Feld energetischer Daten findet physisch im Kommen und Gehen unserer Neurotransmitter statt und erzeugt eine energetische Masse und eine mentale Realität, in der wir leben, um uns als wahre Menschen zu entwickeln.

Ich betone das räumliche Gefüge mit seiner enormen Ähnlichkeit zu unserem Geist, weil es die gleiche Grundstruktur teilt, die expansiv ist und keine Grenzen zu kennen scheint.

Auf die gleiche Weise, wie sich der menschliche Geist durch Expansion entwickelt, dehnen sich die Universen bis ins Unendliche aus, und wir werden diesen wunderbaren Vorgang in diesem Aufsatz als existenzielle Modulation bezeichnen. Nun, die definierte und außergewöhnliche Formel, die zu diesem Zweck ausgeführt wird, wird unglaubliche und komplexe Dimensionen haben.

Der sichtbare Teil dieser Angelegenheites schien klar und von vollkommener Ordnung, dazu kommt noch die Vielfalt der unendlichen Formen, die für die menschliche Vernunft aufgrund ihrer Komplexität immer ein Chaos sein wird, auch wenn sie von vollkommen geordneter Ewigkeit ist. Wir werden den materiellen und mentalen Teil der Existenz als ein sich entwickelndes organisches Gefüge betrachten.

Unter neuronalem und räumlichem Gewebe versteht man die Organisation und Verteilung von Nervenzellen im Gehirn und ihre Beziehung zu kognitiven und räumlichen Funktionen. Nervengewebe besteht aus verschiedenen Arten von Nervenzellen, darunter Neuronen und Gliazellen, die zusammenarbeiten, um Informationen zu verarbeiten und kognitive Funktionen wie Gedächtnis, Lernen und Wahrnehmung auszuführen. Räumliche Struktur hingegen bezieht sich auf die Art und Weise, wie das Gehirn räumliche Informationen verarbeitet und darstellt, beispielsweise die Position von Objekten in der Umgebung und die Navigation. Neuronales und räumliches Gewebe sind eng miteinander verbunden und arbeiten zusammen, um die Verarbeitung komplexer Informationen und die Ausführung komplexer kognitiver Aufgaben zu ermöglichen.

4 – MAGNETISCHE ZEIT:

Die Zeiten, in denen der Magnetismus wirkt, bestimmen die Geschwindigkeit der Evolution, das Konzept magnetische Zeit Es wird nicht behandelt, aber in diesem Artikel werde ich es persönlich interpretieren, um den magnetischen Zusammenhang mit der Modulation zu verstehen und zu studieren. Magnetismus markiert Strukturlinien, die in der räumlichen Konformation schwanken, aber im Laufe der Zeit müssen wir ihre Bewegungen und Neubildungen beobachten. Die Statik existiert nur in Zeiten mit sehr langen Zeiträumen im Vergleich zu anderen. Die magnetische Zeit definiert die Modulation, die in einer sich ausdehnenden Lichtlinie erzielt wird, und die Steigungen und Verschiedenheiten ihrer Formen spielen eine ewige Rolle, die als relatives Schicksal bezeichnet wird.

Unter Magnetismus im Zeitverlauf versteht man die zeitliche Veränderung des Magnetfeldes. Beispielsweise hat das Erdmagnetfeld im Laufe der Erdgeschichte erhebliche Veränderungen erfahren, und diese Veränderungen können durch geologische und paläomagnetische Aufzeichnungen erkannt und untersucht werden. Darüber hinaus kann Magnetismus auch zur Datierung von Gesteinen und anderen geologischen Materialien mithilfe der als Paläomagnetismus-Datierung bekannten Technik verwendet werden.

Zusammenfassend lässt sich sagen, dass Magnetismus im Laufe der Zeit ein wichtiges Konzept in der Geologie und Physik ist und seine Untersuchung wertvolle Informationen über die geologische Geschichte und Entwicklung unseres Planeten liefern kann.

4 - MAGNETISCHE MODULATION:

Magnetische Modulation ist die Form, die Materie durch magnetische Linien annimmt, die von einer existenziellen Intelligenz prädisponiert werden, aus der alles besteht. Jede Energiebewegung im Universum gehorcht dieser Modulation, einschließlich der kreativen Gedanken aller an dieser wunderbaren Aktion beteiligten Wesen.

Das Wort „Modulation" kommt vom Begriff „Formen" und ähnlich wird elektrische Energie in eine unendliche Anzahl elektroräumlicher Flüsse geformt, die als magnetische Arrays bekannt sind. Durch diesen magnetischen Modulationsprozess werden Informationen effizient übertragen und manipuliert, indem die Amplitude des magnetischen Signals variiert wird.

Das Wesen der Existenz ist die fortwährende Schöpfung, die auf ewiger Transformation basiert, die als Evolution bekannt ist. Für die Wissenschaft ist die magnetische Modulation eine Signalkodierungstechnik, die bei der Datenübertragung verwendet wird. Dabei wird die Amplitude eines hochfrequenten magnetischen Signals variiert, um digitale Informationen darzustellen. Magnetische Modulation wird in verschiedenen Anwendungen eingesetzt, beispielsweise bei der Magnetbandaufzeichnung und der drahtlosen Datenkommunikation in industriellen Steuerungs- und Automatisierungssystemen.

Es ist interessant, darüber nachzudenken, wie Energie und magnetische Linien als Mittel zur Formung von Materie angesehen werden können und wie alles im Universum durch diese Modulation miteinander verbunden ist.

Es ist auch wahr, dass Evolution und Transformation grundlegende Konzepte der Existenz sind, weshalb sie unserer Untersuchung wert sind. Betrachten wir die neuronale Funktion als eine elektronische Übertragung im Raum, sodass unser Geist biologische Generatoren von sehr hoher Präzision und konstanter Aktivität ist.

Die Verantwortung liegt bei uns, denn heute wissen wir, dass unsere Gedanken unsere Umgebung beeinflussen, deren Entfernung, Frequenz und Kraft aufgrund mehrerer interner oder externer Faktoren jedes Lebewesens in dieser großen Gruppe denkender Wesen unterschiedlich sind. Kümmern wir uns um die Eingangsperipherie, Ohren, Tastsinn, Geschmack, Geruch und Sehvermögen, aber auch um den Ausgang, Mund, Extremitäten und feiern wir vor allem mit unseren Gedanken.

6 – EXISTENTIELLER ZUSAMMENHANG:

Alles und jeder in dieser Existenz haben gemeinsame Energielinien, die uns unendlich vereinen. Dann reagiert die Form auf einen einzigen expandierenden Geist.

Unsere Mission als denkende Wesen ist es, uns untereinander zu synchronisierendann wach auf Kontinuierlich auf die einheitliche Vernunft des Ganzen ausgerichtet, endet hier die individuelle Freiheit mit der existenziellen Unterwerfung unter den Evolutionsfluss.

Der einzige Weg, auf dem alles zyklisch beginnt und endet, liegt in der Natur der Existenz einer unendlich vielfältigen Lebensform in der Ewigkeit des geordneten Chaos, das immer existierte und Zeiten als eine sich ewig entwickelnde Chronologie schuf.

Existenzielle Korrelation ist ein Begriff, der sich auf die Verbindung und gegenseitige Abhängigkeit zwischen allen Lebensformen und der Natur auf dem Planeten bezieht. Diese Idee legt nahe, dass alle Lebensformen miteinander verbunden sind und dass jede unserer Handlungen Auswirkungen auf alles andere in der natürlichen Welt hat.

Existenzielle Korrelation ist wichtig, weil sie uns daran erinnert, dass wir Teil eines größeren Ökosystems sind und dass unser Handeln Konsequenzen für die Welt um uns herum hat. Es ist wichtig, diese gegenseitige Abhängigkeit zu berücksichtigen, wenn Entscheidungen getroffen und verantwortungsvoll und nachhaltig gehandelt werden, um das Wohlergehen des Planeten und aller Lebensformen, die ihn bewohnen, zu gewährleisten.

EPILOG:

Korrelation ist ein statistisches Maß, das die Beziehung zwischen zwei Variablen angibt und dazu dient, festzustellen, ob zwischen zwei Datensätzen eine Beziehung besteht und um welche Art von Beziehung es sich handelt. Unter magnetischer Korrelation versteht man die Beziehung zwischen dem in einem MRT-Bild gemessenen magnetischen Signal und der anatomischen Struktur des Gewebes, die dabei hilft, verschiedene Gewebetypen und anatomische Strukturen zu identifizieren. Magnetische Modulation ist eine Signalkodierungstechnik, die bei der Datenübertragung verwendet wird und darin besteht, die Amplitude eines hochfrequenten magnetischen Signals zu variieren, um digitale Informationen darzustellen. Eine neutrale Korrelation bezieht sich auf das Fehlen einer

Beziehung zwischen zwei Variablen, während sich eine negative Korrelation auf eine umgekehrte Beziehung zwischen zwei Variablen bezieht. Diese Konzepte sind miteinander verbunden und werden in verschiedenen Studienbereichen wie Physik, Psychologie und Medizin angewendet. Als wichtige Information möchte ich Ihnen anschließend mitteilen, dass die magnetische Korrelation für eine existentielle Modulation von entscheidender Bedeutung ist, da die existierenden Teilchen ohne jegliche Beziehung isoliert sind und in Ruhe bleiben, bis sie Teil eines sich entwickelnden Lebenssystems sind.

Ich kann ohne Zweifel sagen, dass es nur zwei Arten von Energie gibt, kinetische und ästhetische, wobei die erste die Existenz und die zweite der statische Ursprung davon ist.

 Als Telekommunikationsingenieur bedeutet die Korrelation zwischen Teilchen in meinem Leben eine ständige Kommunikation der Existenz. Nach meiner persönlichen Erfahrung versichere ich Ihnen, dass Ihre Gedanken die Gesamtheit um Sie herum beeinflussen und beeinflusst werden.